住宅科技产业技术创新战略联盟标准

现浇钢筋混凝土高层住宅工业化建造
技 术 规 程

Technical Code for Industrialized Production of Cast-in-place
Reinforced Concrete for High-rise Residential

T/AFH-102-2017

主编单位：国家住宅与居住环境工程技术研究中心
深圳市卓越工业化智能建造开发有限公司
批准单位：住宅科技产业技术创新战略联盟
实施日期：2017 年 12 月 1 日

U0194889

中国建筑工业出版社

2017 北 京

图书在版编目（CIP）数据

现浇钢筋混凝土高层住宅工业化建造技术规程/国家住宅与居住环境工程技术研究中心，深圳市卓越工业化智能建造开发有限公司主编 .—北京：中国建筑工业出版社，2017. 11

住宅科技产业技术创新战略联盟标准

ISBN 978-7-112-21351-1

Ⅰ.①现… Ⅱ.①国…②深… Ⅲ.①高层建筑-住宅-钢筋混凝土结构-建筑工业化-技术规范 Ⅳ.①TU241.8-65

中国版本图书馆 CIP 数据核字（2017）第 252986 号

责任编辑：赵梦梅
责任设计：王国羽
责任校对：王　烨　王雪竹

住宅科技产业技术创新战略联盟标准

现浇钢筋混凝土高层住宅工业化建造
技 术 规 程

Technical Code for Industrialized Production of Cast-in-place
Reinforced Concrete for High-rise Residential

T/AFH - 102 - 2017

*

中国建筑工业出版社出版、发行（北京海淀三里河路 9 号）
各地新华书店、建筑书店经销
北京红光制版公司制版
环球东方（北京）印务有限公司印刷

*

开本：850×1168 毫米　1/32　印张：1½　字数：38 千字
2017 年 12 月第一版　2017 年 12 月第一次印刷
定价：**12. 00** 元
ISBN 978-7-112-21351-1
（31043）

住宅科技产业技术创新战略联盟
公　告

关于发布《现浇钢筋混凝土高层住宅工业化建造技术规程》的公告

　　根据住宅科技产业技术创新战略联盟《关于发布〈住宅科技产业技术创新战略联盟（第一批）制订计划〉的通知》（住宅联盟〔2013〕40号）文件的要求，由国家住宅与居住环境工程技术研究中心和深圳市卓越工业化智能建造开发有限公司会同有关单位编制的《现浇钢筋混凝土高层住宅工业化建造技术规程》，经本联盟标准专家委员会组织审查，现批准发布，编号为T/AFH-102-2017，自2017年12月1日起施行。

住宅科技产业技术创新战略联盟

2017年9月1日

前　　言

根据住宅科技产业技术创新战略联盟《关于发布〈住宅科技产业技术创新战略联盟（第一批）制订计划〉的通知》（住宅联盟［2013］40号）文件、《住宅科技产业技术创新战略联盟标准（第一批）制定计划》（住宅联盟〔2013〕38号）文件的要求，由国家住宅与居住环境工程技术研究中心和深圳市卓越工业化智能建造开发有限公司会同有关单位共同编制本规程。

现浇钢筋混凝土高层住宅工业化建造技术是指采用"空中造楼机"在施工现场对现浇混凝土高层住宅进行工业化智能建造的成套技术，是实现建筑工业化的创新途径。为保障技术的先进性、前瞻性，在编制过程中，编制组进行了足尺试验建造，认真总结实践经验，并在广泛征求意见的基础上，制定了本规程。

本规程共分8章。主要内容包括：总则、术语、基本规定、标准化设计、配套部品、工业化建造、安全与环保、工程质量验收。本规程由住宅科技产业技术创新战略联盟发布并归口管理，国家住宅与居住环境工程技术研究中心和深圳市卓越工业化智能建造开发有限公司负责具体技术内容的解释。执行过程中，请各联盟成员单位注意总结经验，积累资料，随时将有关意见和建议反馈给国家住宅与居住环境工程技术研究中心（地址：北京市西城区车公庄大街19号；邮政编码100044），以供今后修订时参考。

如本规程某些内容涉及专利的具体技术问题，使用者可直接与深圳市卓越工业化智能建造开发有限公司协商处理。本规程的发布机构不承担识别这些专利的责任。

主　编　单　位：国家住宅与居住环境工程技术研究中心
　　　　　　　　深圳市卓越工业化智能建造开发有限公司

参 编 单 位：深圳市协鹏建筑与工程设计有限公司
中国建筑设计院有限公司
北京北起意欧替起重机有限公司
正方利民工业化建筑科技股份有限公司
烟台万华建筑节能有限公司
主要起草人员：仲继寿　董善白　侯双旺　林建平　孙　诚
刘　环　张玉庭　何建清　潘晓棠　霍文霖
湛　江　吴凤霞
主要审查人员：童悦仲　艾永祥　金鸿祥　顾泰昌　高尔剑
杨家骥　黄小坤　戴立先　周廷垣

目　录

1 总　　则

1.0.1 为推进现浇钢筋混凝土剪力墙结构高层住宅工业化建造技术，规范住宅标准化设计和工业化建造，指导空中造楼机的安装、运行、回落转场，以及配套部品的生产、安装和室内装修接口设计，保障建筑性能、质量和施工安全，努力实现工程"质量可控、建安成本可控、建设周期可控和减少建筑垃圾排放"的建筑工业化目标，制定本规程。

1.0.2 本规程适用于采用空中造楼机技术建造的高层住宅，标准层层高应为 2.8m、2.9m 和 3m，建筑高度宜为 80m～180m，宜采用成品住宅的交付方式。

1.0.3 采用现浇钢筋混凝土高层住宅工业化建造技术及其配套部品，除应符合本规程并与《空中造楼机》T/AFH－103－2017 配套使用外，尚应符合国家和行业现行有关标准的规定。

2 术 语

2.0.1 现浇钢筋混凝土高层住宅工业化建造 industrialized production of cast-in-place reinforced concrete for high-rise residential

采用空中造楼机机械化施工方式实现现浇钢筋混凝土高层住宅建造的过程，包括标准化产品设计、工业化建造和部品配套等。

2.0.2 空中造楼机 mechanical constructive platform

为实现现浇钢筋混凝土高层住宅工业化建造技术的专用大型机械装备。该装备能在工程现场以机械化作业、自动化方式，实现现浇钢筋混凝土高层建筑的工业化建造，是一座移动造楼工厂。

2.0.3 配套部品 component for mechanical constructive system

专指为现浇钢筋混凝土高层建筑空中造楼机建造技术体系配套的并且工厂化生产的墙梁钢筋网、免支撑或支撑使用较少的楼承板、装饰或保温装饰板材、工具式门窗洞口侧模、临时支撑固定用机具、定位用部件等部品。

3 基 本 规 定

3.0.1 采用空中造楼机建造技术应坚持标准化产品设计与机械化现场建造理念,采用标准化的配套部品和开放性的内装接口。

3.0.2 住宅设计应采用标准化、系列化的设计方法和少规格、多组合的设计原则,做到户型、交通核、阳台、空调板、设备管井及内装接口的标准化和系列化。

3.0.3 建筑标准化设计应符合《建筑模数协调标准》GB/T 50002 的相关要求,应能实现建筑设计、空中造楼机建造和部品安装等活动之间的相互协调,以及模板和配套部品的尺寸协调。

3.0.4 空中造楼机空间结构设计应与高层住宅结构设计协调,应根据空中造楼机运行节奏和建造工法复核主体结构在施工过程中的受力状况及其附加配筋和预理件的设计。

3.0.5 配套部品的设计或选型应综合考虑生产、运输、工装、安装和质量控制的综合效率,并根据功能和安装部位、加工制作和安装精度,确定合理的制造和安装公差。

3.0.6 空中造楼机建造应与下列技术文件配套使用:

1. 空中造楼机空间结构设计指南;
2. 空中造楼机运行安全操作指南;
3. 空中造楼机安装、检修和转场工作指南;
4. 空中造楼机建造工法;
5. 配套部品的模数尺寸与公差;
6. 工业化内装和相关接口标准;
7. 建筑产品质量验收相关标准。

3.0.7 设计和建造文件应包括场地规划与设施要求、户型产品标准化设计和楼栋组合设计、空中造楼机空间组合设计及部件清单、配套部品类型与清单、设备管线种类与定位、建造工法与建造进度等。

3.0.8 建造企业应组织好场地布置和工作流程，保证各工序的有效衔接和提高效率，缩短建造工期。

3.0.9 建造企业在空中造楼机安装、建造和回落转场过程中应采取安全措施，并应符合《建筑施工高处作业安全技术规范》JGJ 80、《建筑机械使用安全技术规程》JGJ 33、《施工现场临时用电安全技术规范》JGJ 46 等规程规范的相关要求。

3.0.10 建造企业在空中造楼机安装、运行和回落转场过程中应采取防火措施，并应符合《建筑设计防火规范》GB 50016 等相关标准规范的相关要求。

4 标准化设计

4.1 一般规定

4.1.1 住宅设计应明确所采用的住宅产品质量标准，包括住宅建筑质量标准、设备系统性能标准和室内装修与接口标准等。

4.1.2 高层住宅设计应包括与空中造楼机空间结构及预埋件相关的专项协同设计内容。

4.1.3 高层住宅建筑设计应根据模数协调设计原则，采用便于模板模架规格化的平面和层高优先尺寸，应以 1M 为基本模数。

4.1.4 高层住宅结构应选用钢筋混凝土剪力墙结构体系或框架-核心筒结构体系。

4.1.5 除低层和屋顶层外，各层层高和建筑门窗洞口的位置应一致，同一楼层连梁的梁底标高及门窗洞口的洞顶标高应统一。

4.1.6 同一建造区段内的住宅楼栋层标高应一致，建筑避难层层高应与建筑标准层层高相同。

4.2 建筑模数协调

4.2.1 高层住宅的建筑、结构及其部品定位应采用界面定位法，其平面布置应采用双线模数网格表达，模数网格应为基本模数的倍数。

4.2.2 钢筋网、楼承板或楼层模板、装饰保温板等配套部品以及定位件的定位应以较近的墙体基准面作为定位基准面。

4.2.3 高层住宅采用的优先尺寸应符合表 4.2.3 的规定。

表 4.2.3　高层住宅优先尺寸

类型	建筑尺寸			楼板	现浇剪力墙	轻质隔墙
部位	开间	进深	层高	厚度	厚度	厚度
优先尺寸	3nM	3nM	1nM	0.2nM	1M+0.5nM	50mm、100mm
扩大尺寸	2nM	2nM	—	0.5nM		150mm、200mm

注：

1. M 是模数协调的最小单位，1M＝100mm；

2. n 为自然数；

3. 建筑层高宜为 2800mm、2900mm、3000mm；

4. 轻质隔墙厚度优选尺寸为 100mm、200mm；

5. 剪力墙厚度宜为 200mm、250mm、300mm。

4.2.4　门窗洞口采用的优先尺寸应符合表 4.2.4 的规定。

表 4.2.4　门窗洞口采用的优先尺寸

类型	最小洞宽	最小洞高	最大洞宽	最大洞高	优先尺寸	扩大尺寸
门洞口	7M	15M	24M	层高-4M	3nM	1nM
窗洞口	6M	6M	24M	层高-4M	3nM	1nM

4.3　建　筑　设　计

4.3.1　住宅平面宜采用"一"字形、"L"形、"工"字形、"Y"形和"十"字形，不应采用弧形或非直角平面。

4.3.2　建筑立面的多样性宜优先采用阳台、外窗、空调板、装饰线条和色彩变化等立面元素实现，并应形成标准化的立面组合。

4.3.3　住宅设计应合理布置承重墙和管井位置，选用大空间承重墙布置方式，满足住宅空间的灵活性要求。

4.3.4　住宅公共空间和住宅套内空间的管线和设备应分区明确，布局合理。穿越楼层的竖向管道和设施宜集中设置在套外共用竖向管井内或套内服务阳台内。应采用标准化管井和管道，并采用集成管道和标准化楼层封堵构件。

4.3.5 围护结构外保温材料和厚度应根据国家或地方节能设计要求确定。宜采用水泥纤维压力板复合硬泡聚氨酯板材，板材平面尺寸应与立面装饰分隔一致。宜采用保温装饰一体化板材或保温隔热涂料。

4.3.6 配套部品的标准化设计应包括剪力墙和连梁的钢筋网、免支撑楼承板或少支撑叠合板、保温或装饰保温一体化板材以及门窗洞口侧模和顶模等，应提出配套部品的工装、定位、吊装等工序的公差和质量检查要求。

4.3.7 住宅平面尺寸较小而高度超过层高的房间，模板高度应增加楼板结构的高度。

4.3.8 住宅平面设计不应设计错层空间。局部错层的房间宜采用后施工楼板工法，模板高度应增加楼板结构的高度。

4.4 结 构 设 计

4.4.1 空中造楼机成套机械装备配置应与楼栋平面体型协调，包括空中造楼机液压传动机组基座的数量与位置，升降柱与主体结构之间的水平稳定支撑支座的定位与预埋件设计。

4.4.2 基础设计应符合下列规定：

1. 液压传动机组基座应设置专门基础，升降柱传递的竖向计算荷载（不含基座）应选用施工图纸标明的实际荷载和表4.4.2对应数据的较大者。

表4.4.2 升降柱基础竖向计算荷载值

空中造楼机型号	适用高度	楼栋类型	边柱基础	中间基础
A	100m以内（含）	一字形	2500kN	4500kN
		十字形	2700kN	5000kN
B	100m～180m	一字形	2500kN	4500kN
		十字形	2700kN	5000kN

2. 地基或基础底板的荷载效应考虑空中造楼机的基座荷载及其动载系数，动载系数应取基座静载的 1.2 倍。

3. 基座基础及其预埋件应根据空中造楼机厂家提供的升降柱位置和基座锚栓构造设计。液压传动机组基座的安装工作应在混凝土基础浇筑 14d 后进行。

4.4.3 地下室顶板承载力除应满足施工期间覆土荷载要求外，还应满足 20t 汽车吊吊装荷载的要求。

4.4.4 施工荷载及其临时支撑措施应根据空中造楼机建造节奏复核，并符合下列规定：

1. 建造过程中遇有六级以上强风时，模板模架应急下落时的荷载应由楼板临时支撑传递至剪力墙，临时支撑附加荷载设计值应取 $4kN/m^2$。

2. 起始建造层空中造楼机的组装附加荷载和建造过程中空中造楼机更换模板时的附加荷载设计值应取 $5kN/m^2$。

3. 临时支撑及其对楼栋的荷载效应应根据附加荷载设计值验算。

4.4.5 结构施工荷载应考虑空中造楼机水平稳定支撑的荷载效应和变形，并符合下列规定：

1. 空中造楼机升降柱水平稳定支撑对楼体的水平附加荷载设计值应按表 4.4.5 选取。

表 4.4.5 水平稳定支撑附加荷载设计值

空中造楼机型号	适用高度	楼体	边柱	中间柱
A	100m 以内（含）	一字形	150kN	300kN
		十字形	180kN	330kN
B	100～180m	一字形	150kN	300kN
		十字形	180kN	330kN

2. 施工荷载应按照对称水平支撑点拉压荷载组合进行验算。

3. 支撑点及其以上每层结构的施工荷载应根据空中造楼机水平稳定支撑点竖向间距及附加荷载设计值进行复核验算。

4. 支撑点预埋螺栓的直径、数量和构造应根据附加荷载设计值验算并确定。

4.4.6 悬挑大于 1.2m 的楼承板或叠合板应采取临时支撑措施。

4.4.7 承重结构截面尺寸应符合下列规定：

1. 现浇墙体厚度及连梁宽度不应小于 150mm，沿建筑水平方向墙梁厚度应一致。

2. 沿建筑高度方向剪力墙的厚度变化，100m 以内（含 100m）不应超过 3 次，100m 以上不超过 4 次。相邻楼层剪力墙厚度变化幅度应为 50mm。

3. 核心筒剪力墙厚度沿高度方向应保持一致。

4. 局部弧形或非直角墙体部位应采用铝制模板现场支模的方法。

4.4.8 混凝土应符合下列规定：

1. 普通混凝土强度等级不应低于 C30。

2. 轻骨料混凝土强度等级不应低于 C15。

3. 在同一标高范围内的竖向受力构件应采用同一强度等级的混凝土。非承重分户墙体可采用轻骨料混凝土。

4. 墙体及连梁混凝土宜选用坍落扩展度大于 500mm 的免振捣自密实泵送混凝土，楼板混凝土宜选用坍落度 180mm～200mm 的混凝土。

4.4.9 钢筋应符合下列规定：

1. 剪力墙加强区和边缘区竖向主筋可采用套筒、螺旋箍或电阻压力焊搭接方式。底部加强区同一截面主筋搭接数量不大于 50%，其他部位同一截面主筋搭接数量宜为 100%。

2. 限位棍、定位杆兼作受力钢筋时，其强度除应满足结构设计要求外，其接头的连接强度应与钢筋等强。

3. 结构施工图应包括交汇于节点处的各种钢筋的排布设计。

4.4.10 预埋件宜采用后锚固装置，应选择易于安装和固定的预埋件形状和尺寸，预埋件不得凸出混凝土表面。

4.5 室内装修设计

4.5.1 室内装修设计应符合工业化要求，采用标准化接口。

4.5.2 住宅宜采取室内装修、管道设备与主体结构分离的设计理念和技术措施。

4.5.3 室内装修设计内容应包括门窗安装节点、厨房卫生间设备系统、隔墙收纳系统、照明插座系统、采暖制冷末端系统和智能家居系统等。

4.5.4 内装部品布置图应采用标准化和模块化的表达方式，内装部品的定位应采用双线网格的界面定位法，内装设计应提供工程量清单。

4.5.5 卫生间宜采用标准化的整体卫浴和不降板排水系统，排水接口、地漏和检查孔宜设置在共用竖向管井内。

4.5.6 厨房宜采用集成厨房，应采用标准化的排烟排气和给排水接口；厨房宜采用烟气直排系统。当生活阳台与厨房毗邻时，宜将燃气立管及计量表具、厨房排水立管等设置于生活阳台内。

4.5.7 公共强弱电和消防系统宜采用标准化的强、弱电总控箱及消火栓，并明装在竖向公用管井内。户内配电箱和弱电箱宜明装。

4.5.8 除房间顶灯外，插座、电信等线路宜采用集成管槽沿贴脚线和门洞洞口包边布置。

4.5.9 采暖地区住宅宜采用地板辐射采暖方式，地面垫层高度宜不小于 80mm。鼓励使用预制干式地暖系统。

4.5.10 内装部品的组合及其类型数量应综合考虑生产、运输、工装和安装的综合效率。

4.6 空中造楼机设计

4.6.1 空中造楼机空间结构及其预埋件应与高层住宅的建筑结构设计协同。

4.6.2 空中造楼机的标准化组合设计应根据住宅楼栋体型和建

筑高度确定，并遵循少规格、多组合的设计原则。构成空中造楼机的部件应优先采用标准化部件。

4.6.3 空中造楼机整体空间计算模型应符合设备标准化的要求，应满足空中造楼机运行应急停止、风力以及气温变化等引起的附加荷载与变形控制的要求。

4.6.4 空中造楼机水平稳定支撑与主体结构的连接方式应受力明确、构造可靠。

4.6.5 空中造楼机工程量清单应包括安装、运行、维修和转场所需的部件名称和数量。

4.7 BIM 技术应用

4.7.1 采用空中造楼机建造技术的高层住宅宜采用 BIM 技术生成工程量明细清单与汇总清单，并进行成本优化分析。

4.7.2 空中造楼机宜采用 BIM 技术进行钢结构设计，并自动生成工程量明细清单与汇总清单。

5 配 套 部 品

5.1 一 般 规 定

5.1.1 配套部品应包括墙梁钢筋网、楼承板或叠合板、装饰或保温装饰板材、楼梯段、门窗洞口侧模、定位件和临时支撑固定用机具等。

5.1.2 配套部品设计应符合模数协调设计要求，采用便于规格化的优先尺寸和公差。

5.1.3 配套部品布置图应采用标准化和模块化的表达方式。

5.1.4 配套部品设计应包括部品布置图、安装详图、部品索引表和工程量清单，并应提出配套部品的材料要求、制造工艺、制造和安装公差、运输方式和质量检验要求，以及连接方式、预埋件和连接件的数量、定位尺寸、工装和安装工艺及流程等要求。

5.1.5 墙梁等竖向构件应采用工厂压力焊工艺生产的钢筋网。楼板等水平构件应采用免支撑或局部支撑的楼承板。有外保温要求的住宅工程宜采用保温装饰一体化板材。

5.2 钢 筋 网

5.2.1 钢筋网应由钢筋骨架、钢筋网片和开口箍筋等部件工装形成。经检查合格后的钢筋网部件应按规格堆放，其堆放层数不宜超过6层，各层间用木方支垫，上下对齐。

5.2.2 钢筋骨架和钢筋网片的制造质量检查结果应符合下列规定：

1. 每件制品的焊点脱落、漏焊数量不得超过焊点总数的5%，且相邻两焊点不得有漏焊及脱落；焊接网最外边钢筋上的交叉点不得开焊；钢筋焊接网表面不应有影响使用的缺陷。当性能符合要求时，允许钢筋表面存在浮锈和因矫直造成的钢筋表面轻微损伤。

2. 应量测焊接骨架的长度和宽度，并应抽查纵、横方向3～5个网格的尺寸。允许偏差应符合表5.2.2的规定。当外观检查结果不符合上述要求时，应逐件检查，并剔出不合格品。对不合格品经整修后，可提交二次验收。

表 5.2.2　焊接骨架的允许偏差

项　　目		允许偏差（mm）
钢筋骨架	高度	±10
	宽度	±5
	厚度（墙厚方向）	−2～0
钢筋网片钢筋间距		±10
受力主筋	间距	±5
	排距	±5

5.2.3 墙体钢筋的安装应符合下列规定：

1. 应在起始建造层楼板上弹设钢筋骨架和钢筋网片安装基准线。

2. 应采用平板车将钢筋骨架、钢筋网片或工装钢筋网从工装点运输至吊装点，应采取保护措施防止钢筋网或部件变形。

3. 应采用双梁行车吊装钢筋骨架和钢筋网片或工装钢筋网，吊点应不少于3个，并应在吊装过程中轻吊轻放。

4. 钢筋骨架和钢筋网片安装位置和垂直度要求应符合表5.2.3的规定。

5. 应根据平台标高位置计算并确定钢筋网高度及主筋搭接位置。

6. 钢筋网片、钢筋网和受力钢筋安装位置的允许偏差和检验方法应符合表5.2.3的要求。

7. 钢筋骨架安装精度调整合格后方可进行主筋连接。

表 5.2.3　钢筋网安装位置的允许偏差和检验方法

项　目		允许偏差 （mm）	检验方法
钢筋网片	长	±10	钢尺检查
	宽（墙厚方向）	－2，0	钢尺检查
	网眼尺寸	±10	钢尺量连续三档，取最大值
钢筋网	长	±10	钢尺检查
	高	±5	钢尺检查
	宽（墙厚方向）	－2，0	钢尺检查
受力钢筋	间距	±10	钢尺量两端中间，各一点取最大值
	排距	±5	
	保护层　梁	2，0	钢尺检查
	保护层　墙	2，0	钢尺检查
绑扎箍筋、横向钢筋间距		±20	钢尺量连续三档，取最大值
钢筋弯起点位置		20，0	钢尺检查
预埋件	中心线位置	±5	钢尺检查
	水平高差	3，0	钢尺和塞尺检查

注：1. 检查预埋件中心线位置时，应沿纵、横两个方向量测，并取其中的较大值。
　　2. 表中梁类构件上部纵向受力钢筋保护层厚度的合格率应达到 90% 及以上，且不得有超过表中数值 1.5 倍的尺寸偏差。

5.2.4　剪力墙边缘构件主筋采用螺纹套筒连接方式，剪力墙非边缘构件主筋采用等截面搭接方式。

5.3　楼　承　板

5.3.1　宜采用格构式楼承板，也可使用叠合板。

5.3.2　格构式楼承板应符合《钢筋桁架楼承板》JGT 368、《组合楼板设计与施工规范》CECS 273 等标准的相关要求。

5.3.3　叠合楼板应符合相关产品要求。

5.4 保 温 板

5.4.1 建筑保温宜采用大模内置装饰板材、保温板或装饰保温一体化板材，鼓励使用与外饰面同时处理的外墙用保温隔热涂料。

5.4.2 内置保温板应符合北京市地方标准《外墙外保温技术规程（现浇混凝土模板内置保温板做法）》DB11T 644 等标准的相关要求。

5.4.3 当采用装饰保温一体板的时候，需要设计师与厂家配合进行二次设计。

5.5 门窗洞口模板

5.5.1 门窗洞口模板应采用工具式铝模板或与钢筋网一体化安装的洞口附框。

5.5.2 门窗洞口模板的尺寸允许偏差及检验方法应符合表5.5.2 的要求。

表 5.5.2 模板的尺寸允许偏差及检验方法

项目	允许偏差（mm）	检验方法
洞口位置	±2	尺量检查
模板长度	±2	尺量检查
模板宽度（沿墙厚方向）	1，0	尺量检查

5.5.3 门窗洞口采用工具式铝模板时，应符合下列规定：

1. 工具式铝模板设计应标准化、模数化；
2. 工具式模板设计应便于组装和拆卸；
3. 模板宜采用五层建造节奏周转安装。

5.5.4 门窗洞口采用与钢筋网一体化安装的洞口附框时，应符合下列规定：

1. 洞口附框设计应标准化、模数化；
2. 采用钢板制作的洞口附框应在墙体模板提升后进行防锈处理。

5.6 其他部品

5.6.1 预制楼板、楼梯段、管道、其他水平构件和定位部件等部品应采用工厂生产的标准化部品。

5.6.2 预制楼板可采用格构式钢筋楼承板或叠合板，并符合下列规定：

1. 优先采用免支撑格构式楼承板，其底模应易拆卸，并可返回工厂重复使用；

2. 叠合楼板可采用单向或双向叠合板。

5.6.3 楼梯段应采用预制楼梯段，可为钢结构或混凝土结构。

5.6.4 管道宜采用集成化管道束，宜将2个及以上相同性质或同寿命管道组合成管道束。

5.6.5 楼层标高处的阳台板和空调机板等水平构件宜采用悬挑楼承板，不在楼层标高处的空调机板等水平构件应采用预制空调机板。

5.6.6 楼板预留孔洞应采用工具式模板，安装位置误差应符合中心线5mm、高度和宽度＋5mm的要求。

5.6.7 楼板高度定位用定位棍应符合下列规定：

1. 楼板安装高度定位用定位棍应设置在钢筋网上。

2. 定位棍应平直，安装高度误差不大于±1mm。

3. 每个房间内设置不少于2处对称安装的定位棍，定位棍之间的安装高度偏差不大于±2mm。

5.6.8 模板合模定位用定位棍应符合下列规定：

1. 模板合模定位用定位棍应设置在钢筋网上。

2. 定位棍应平直，定位棍底面应紧贴楼面。

3. 定位棍应沿模板模架定义的四面墙体，包括洞口连续安装。

4. 定位棍安装位置偏差不大于＋1mm。

5.6.9 外模板模架底部固定应采用穿墙螺栓方式。模板模架顶部宜采用螺栓对拉方式。

6 工业化建造

6.1 组 织 管 理

6.1.1 空中造楼机建造项目宜采用图 6.1.1 所示管理组织架构。

6.1.2 建造团队宜由 50 人组成，在一座城市或一个工地同时管理 2 台空中造楼机的运营过程。

6.2 建造场地要求

6.2.1 建造场地平面规划和"三通一平"应符合施工组织设计和消防与安全的要求，并应实行建造现场封闭式管理。

6.2.2 建筑周边应设置环形运输通道并与场地外部道路相连。环形通道宽度不小于 4.5m，距建筑的距离不小于 8m，并满足商品混凝土车进出通道的要求。

6.2.3 建筑场地具备电力、自来水供应和消防设施等。电力供应负荷不小于 100kW，自来水压力不足时应设置加压泵站，满足混凝土养护系统和消防设施的水压要求。

6.2.4 升降柱储备区、商品混凝土泵车区、双梁行车吊装地面应作为建造期内的地面永久占用区。

6.2.5 建造场地应设置钢筋网临时组装工厂，宜设置通往空中造楼机双梁行车吊装地面的移动平台轨道。

6.2.6 建造场地应设置工地办公室、中央控制室、工人休息室和卫生间等，并与空中造楼机施工区域保持 15m 以上的安全距离。

6.2.7 应设置配套部品临时堆放场地，并与空中造楼机建造时序和吊装能力匹配。

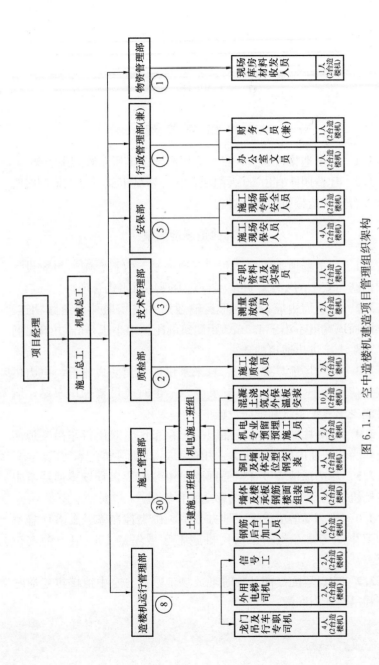

图 6.1.1 空中造楼机建造项目管理组织架构

6.3 建造环境要求

6.3.1 施工组织设计应按照空中造楼机建造工法、建筑施工图和建造场地条件编制。

6.3.2 建筑材料和配套部品的数量与进场时间应按照施工组织设计和工程进度确定。

6.3.3 地下室顶板承载力应满足 20t 汽车吊运行荷载的要求。

6.3.4 空中造楼机运行与作业环境应满足环境温度不低于 5℃、风力不大于 5 级的要求。

6.3.5 采用空中造楼机建造的起始层距液压传动机组基座底面的高度应≥4200mm。

6.3.6 采用空中造楼机建造的底层非住宅层高应不大于（2H－10）mm，H 为标准建造层层高。

6.3.7 冬季施工时应在建造平台外侧增加保温帘，同时混凝土养护系统采用不大于 35℃ 的温水。

6.3.8 当在楼面上组装模板模架时，如果楼面混凝土浇筑完成不足 30d，该楼层应增加楼板临时支撑，支撑强度不应小于 4kN/m²，支撑立柱间距不应大于 1000mm，并应在支撑立柱上设置支撑垫片或横梁。

6.3.9 墙梁模板更换角模时，应为所在楼面加设临时支撑至建造层以下（含建造层）3 层，同时应采用楼面混凝土保护措施。

6.3.10 空中造楼机应急降落到已浇筑楼层时，应在该楼层增加楼板临时支撑，支撑强度不应小于 4kN/m²，支撑立柱间距不应大于 1000mm，并应在支撑立柱上设置支撑垫片或横梁。

6.4 空中造楼机安装与拆卸流程

6.4.1 空中造楼机机组基座安装应在地下室混凝土结构施工完成后进行。

6.4.2 空中造楼机组装与调试应在低层普通工法混凝土结构施工完成后进行，组装与调试工期一般不应超过 45d。

6.4.3 空中造楼机安装准备工作应符合下列规定：

1. 检查并清理建筑周边 15m 范围内妨碍空中造楼机安装与运行的障碍物，包括空中线缆等。场地入口高度不低于 4.5m。

2. 应编制安装计划与设备进场时序表，分批次进场。

3. 复检液压传动机组基座安装定位线及基础预埋螺栓数量与位置。

4. 复测液压传动机组起始建造层墙梁定位轴线和起始工作楼面的平整度。

5. 复测液压传动机组到起始建造层的高度是否符合要求。

6.4.4 空中造楼机安装流程应为：复核液压传动机组底盘定位线→安装传动机组→安装龙门吊钢支撑结构→安装龙门吊及部分辅助构件→定位起始建造层楼面墙梁位置→安装钢筋网→安装模板模架→安装过渡连接→安装钢结构平台→安装混凝土浇筑及养护系统→安装辅助系统→安装运行检测系统→运行调试及过渡连接固接→墙梁混凝土浇筑→安装双梁电动行车→安装混凝土操作平台→安装二层楼承板→楼面混凝土浇筑养护；重复二层楼承板和墙梁施工过程直至完成第四层楼承板施工；安装混凝土操作平台，拆除提升电动葫芦。

6.4.5 施工人员专用电梯应安装在专用升降柱内。

6.4.6 空中造楼机的整体提升应在一个标准建造层完成后进行。

6.4.7 建筑高度在 100m 以内，每隔 5 层应设置一道水平稳定支撑系统；建筑高度 100m～200m 以内，应每隔 4 层设置一道水平稳定支撑系统。

6.4.8 空中造楼机的拆卸与回落应在屋面混凝土浇筑完成 15d 后开始。拆卸与回落工期一般不应超过 2d/层，空中造楼机拆卸与回落过程中应同时完成外墙部品安装和外装修施工。

6.4.9 空中造楼机回落转场应符合下列规定：

1. 应编制空中造楼机回落转场技术方案和回落时序，制定安全措施并进行技术交底。

2. 应清理场地地面空间，满足设备转场运输通道的要求。

6.4.10 回落转场流程应符合：双梁行车退出建筑轮廓线外→空中造楼机整体下降 4 节升降柱→龙门吊拆卸混凝土布料小车及轨道→过渡连接与钢结构平台解锁→流水拆卸木制走道板、混凝土布料管、主（次）桁架→龙门吊拆卸过渡连接上下 H 型钢→龙门吊流水拆卸模板模架→空中造楼机整体上升 2 节升降柱→双梁行车进入建筑轮廓线内→龙门吊拆卸两个端部双梁行车轨道梁→龙门吊整体吊装双梁行车至地面。

6.5 空中造楼机建造流程

6.5.1 空中造楼机建造总流程应为，地下室常规工法建造→低层非标准层常规工法建造→空中造楼机起始建造层建造→空中造楼机标准层建造→屋顶机房与女儿墙常规工法建造→空中造楼机回落→外墙部件安装与装饰→空中造楼机转场。

6.5.2 空中造楼机标准层建造顺序应为，墙梁定位→安装墙梁钢筋网→空中造楼机下降合模→浇筑墙梁混凝土→空中造楼机脱模提升→楼承板或叠合楼板安装→楼面混凝土浇筑→墙梁定位（按楼层循环）。

6.5.3 标准层的建造节奏宜按标准层施工 5d 一个流程确定，建筑内装工程可在完成 5 个标准建造层后开始。

6.5.4 楼面高度和墙梁位置宜采用激光投点系统定位并辅助划线。激光投点系统的误差绝对值小于 1mm。

6.6 钢筋网与外保温板材安装

6.6.1 墙、梁定位划线宜采用激光仪等自动化装置进行。

6.6.2 模板定位棍应按照定位划线安装在墙、梁钢筋底部。

6.6.3 墙、梁钢筋网安装应符合下列要求。

1. 约束边缘构件钢筋网应按 L 形、T 形、〔形、Z 形、十字形等标准钢筋网分类并就位。

2. 门窗及洞口应采用标准洞口钢筋网。

3. 在需要设置暗柱的位置布置暗柱标准钢筋网。

4. 剪力墙标准钢筋网的上下钢筋搭接长度应为根据抗震设防烈度确定的搭接长度的 1.25 倍。

5. 框架梁和连梁钢筋负筋可采取人工绑扎的方式。

6. 管线预埋和留孔留洞应符合图纸要求。

6.6.4 安装墙梁钢筋网的同时应安装钢楼梯预制和轻质隔墙板。

6.6.5 保温饰面一体化板材应采用人工敷设方式。采用一体化板材饰面时，表面应采用塑料薄膜覆盖，并应在空中造楼机回落时人工修复瑕疵，完成喷涂或勾缝工序。

6.6.6 空中造楼机的模板模架降落至与楼板表面 0～2mm 时，方可与下部定位棍合拢。

6.7 墙梁混凝土浇筑和养护

6.7.1 墙梁混凝土浇筑宜采用坍落扩展度大于 500mm 的免振捣自密实泵送混凝土。

6.7.2 混凝土应通过地泵从设置在电梯井道内的竖向干管输送至建造平台的水平输送泵，并采用 $\phi80$ 塑料软管进行浇筑。

6.7.3 当采用普通混凝土浇筑时，墙梁混凝土应根据预先规划并分层浇筑，分层高度不宜大于 1000mm，且应小于振捣棒作用有效高度的 1.25 倍。混凝土接槎处应振捣密实。

6.7.4 混凝土浇筑时应随时清理落地灰，预留连接钢筋应在混凝土振捣完毕后马上整改，应采用木抹子按墙梁浇筑高度定位棍将墙梁混凝土表面找平。

6.7.5 墙、梁混凝土浇筑高度不应超过楼板高度定位棍顶面。

6.7.6 墙梁混凝土养护应由喷淋装置自动完成，喷淋时间应与配套部品安装时间协调，养护期不宜少于 5d。

6.8 楼承板铺设、楼板混凝土浇筑与养护

6.8.1 桁架钢筋楼承板或叠合楼板应采用工厂生产的标准化部品。

6.8.2 可按照房间大小在地面工棚组装楼承板，然后吊装铺设

整个房间。

6.8.3 负弯矩钢筋应按照施工图纸人工敷设。

6.8.4 楼板内的强电预埋管及楼板留孔预埋件应按照施工图纸人工敷设。

6.8.5 楼面混凝土应由双梁行车吊挂布料机进行浇筑，布料机内的混凝土应由泵送系统提供。

6.8.6 楼面混凝土浇筑前应先在剪力墙钢筋网上设置 50 控制线，并于浇筑时挂白线找平，白线标高应为板面结构标高。

6.8.7 混凝土要求专人振捣，振捣间距不宜大于振捣器作用半径的 1.5 倍，振捣后应用 2.5m 铝合金刮尺找平混凝土表面。应用 2.5m 铝合金直尺检查混凝土表面平整度，整楼面的平整度误差应控制在 ±2mm 范围内。

6.8.8 楼面混凝土养护应在混凝土浇筑 12h 内进行覆盖养护。应采用混凝土养护系统淋水保湿，养护系统每 1h 开启一次，每次开启时间 1min。

7 安全与环保

7.1 安 全 要 求

7.1.1 空中造楼机运行应符合现行行业标准《建筑施工高处作业安全技术规范》JGJ 80 相关规定的要求。

7.1.2 空中造楼机的安装、操作、回落转场等程序应在专业操作人员指导下进行，专业操作人员应进行施工安全技术培训，合格后方可上岗操作。

7.1.3 工程应设专职安全员，负责施工过程的安全监控，并填写安全检查表。

7.1.4 应在空中造楼机各操作平台显著位置标明允许荷载值，设备、材料及人员等荷载应均匀分布，人员、物料不得超过允许荷载。

7.1.5 空中造楼机顶升和回落时，所有人员应撤离操作平台。

7.1.6 施工人员专用电梯不得运载设备和材料。

7.1.7 除施工电梯升降柱外，升降柱内应设置爬梯。遇应急情况时，钢平台上施工人员应通过疏散爬梯到达建筑楼面或地面，建造楼面上的施工人员应通过建筑楼梯到达地面。

7.1.8 施工临时用电线路架设及架体接地、避雷措施等应符合现行行业标准《施工现场临时用电安全技术规范》JGJ 46 的有关规定。

7.1.9 机械操作人员应按现行行业标准《建筑机械使用安全技术规程》JGJ 33 的有关规定定期对机械、液压设备等进行检查、维修，确保使用安全。

7.1.10 液压传动机组和操作平台上应按消防要求设置灭火器，施工消防供水系统应随施工顶升回落同步设置。在操作平台上进行电、气焊作业时应有防火措施和专人看护。

7.1.11 遇有六级以上强风、浓雾或雷电等恶劣天气时应停止施工作业，并应按预案采取可靠的避险加固措施。

7.1.12 操作平台与地面之间应有可靠的通信联络。施工过程中应分工明确、各负其责，应实行统一指挥、规范指令。关键指令只能由空中造楼机总指挥一人下达，操作人员发现有安全隐患，应及时处理、排除并立即向总指挥反馈信息。

7.1.13 空中造楼机上升和回落前，总指挥应告知所有操作人员，清除影响动作的障碍物。

7.1.14 空中造楼机建造现场必须有明显的安全标志，安装、回落时，地面必须设围栏和警戒标志，并派专人看守，严禁非操作人员入内。

7.1.15 钢筋安装及预埋件的预埋不得影响模板的就位及固定；起重机械吊运物件时，严禁碰撞空中造楼机装置。

7.1.16 应对模板实行每层清理，并对模板模架及升降机组等关键部件进行检查、校正、紧固和修理，对丝杠、滑轮、滑道等部件进行注油润滑。

7.1.17 建造平台升降前应重点检查液压传动机组，严格定期维护保养，并做好记录。

7.1.18 导轨和导向杆应保持清洁，去除黏结物，并涂抹润滑剂，保证导轨爬升顺畅、导向滑轮滚动灵活。

7.1.19 因恶劣天气、故障等原因停止运行后，应进行全面检查后才能重新启动运行，并应巡查和维护空中造楼机的安全防护设施。

7.1.20 空中造楼机各部件应及时进行清理、涂刷防锈漆，对丝杠、滑轮、螺栓等清理后，应进行注油保护；所有大件部件应分类堆放运输，小件部件分类包装、集中待运。

7.2 环 保 要 求

7.2.1 空中造楼机主材及辅材宜选用可回收或可降解材料，提高周转使用次数，减少资源消耗和环境污染。

7.2.2 混凝土浇筑时，应采用低噪声环保型振捣器，以降低噪声污染。

7.2.3 操作平台上宜设置环保型厕所，并有专人负责清理，确保施工现场环境卫生。

7.2.4 清理施工垃圾时应使用容器吊运并及时清运，严禁凌空抛撒。

7.2.5 液压系统宜采用耐腐蚀、防老化、具备优良密封性能的金属油管，防止漏油造成环境污染。

7.2.6 宜采用免脱模剂模板，应采用无污染、环保型脱模剂。

8 工程质量验收

8.0.1 工程验收应符合现行国家标准《混凝土结构工程施工质量验收规范》GB 50204 的相关规定的要求。

8.0.2 现浇结构尺寸偏差和检测方法应符合表 8.0.2 的规定。

表 8.0.2 现浇结构尺寸允许偏差和检验方法

项　　目		允许偏差（mm）	检验方法
轴线位置	基础	10	钢尺检查
	独立基础	10	
	梁	5	
	剪力墙	5	
垂直度	层高 ≤5m	6	经纬仪或吊线、钢尺检查
	层高 >5m	8	经纬仪或吊线、钢尺检查
	全高（H）	$H/1000$ 且 $\leqslant 30$	经纬仪、钢尺检查
标高	层高	± 5	水准仪或拉线、钢尺检查
	全高	± 30	
截面尺寸		$+5，-5$	钢尺检查
电梯井	井筒长、宽对定位中心线	$+25，0$	钢尺检查
	井筒全高（H）垂直度	$H/1000$ 且 $\leqslant 30$	经纬仪、钢尺检查
表面平整度		5	2m 靠尺和塞尺检查
预埋设施中心线位置	预埋件	10	钢尺检查
	预埋螺栓	5	
	预埋管	5	
预埋洞中心线位置		15	钢尺检查

本规程用词说明

1 为便于在执行本规程条文时区别对待，对要求严格程度不同的用词，说明如下：

1）表示很严格，非这样做不可的用词：

正面词采用"必须"，反面词采用"严禁"；

2）表示严格，在正常情况下均应这样做的用词：

正面词采用"应"，反面词采用"不应"或"不得"；

3）表示允许稍有选择，在条件许可时首先应这样做的用词：

正面词采用"宜"，反面词采用"不宜"；

4）表示有选择，在一定条件下可以这样做的用词，采用"可"。

2 本规程中指明应按其他有关标准执行的写法为："应符合……的规定"或"应按……执行"。

条 文 说 明

1 总　则

1.0.1　现浇钢筋混凝土高层住宅工业化建造技术体系应遵循标准化产品设计、工厂化部品配套、空中造楼机主体施工、工业化室内装修和信息化全程管理的建设要求。门窗洞口采用工具式铝模板或永久性钢模板外，不使用木模板。建造过程以机械化作业为主，并能实现自动支模和自动拆模。主体结构施工过程中的建筑垃圾排放很低。

3 基 本 规 定

3.0.2 住宅设计按标准化户型、标准化核心筒、标准化模板模架等构建标准化模块库。鼓励设计人员根据少规格、多组合的设计原则，不断优化和简化标准化模块的种类和数量。下列 13 种模块是一种模块分类的例子。

　　1）建筑空间功能模块。

　　2）门窗洞口模块。

　　3）墙、梁、楼板留孔留洞模块。

　　4）内模板模架模块。

　　5）外模板模架模块。

　　6）墙梁钢筋网模块。

　　7）预制轻质隔墙模块。

　　8）预制叠合楼板或预制楼板模板模块。

　　9）预制钢梯与预制混凝土踏板模块。

　　10）给排水管线模块。

　　11）采暖模块。

　　12）强电模块。

　　13）通信模块。

　　政府提供的保障性住房可按面积系列建立"政府保障房"标准化户型、标准化核心筒及标准化配套模块。

　　商品房也按面积系列建立开发商主导的"普通商品房"标准化户型、标准化核心筒及标准化配套模块。

4 标准化设计

4.1.1 空中造楼机建造的特征适合住宅成品交付，其建设过程和产品交付是透明的、可预期的。因此需要在建筑设计和建造之前明确住宅产品的质量、性能和造价等要求。

4.4.1 空中造楼机传动机组的位置和数量与住宅形体相关，图1～图6示意了一字形、凹字形、T字形、十字形、双十字形和回字形等住宅平面与空中造楼机液压传动机组基座数量与位置的关系。

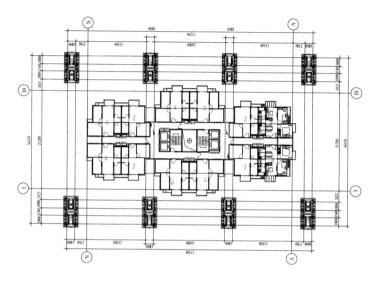

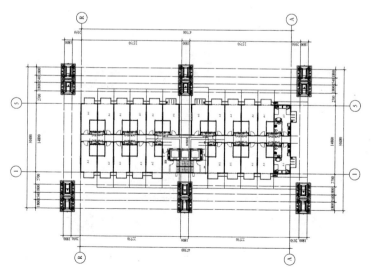

图 1 一字形住宅平面示意

33

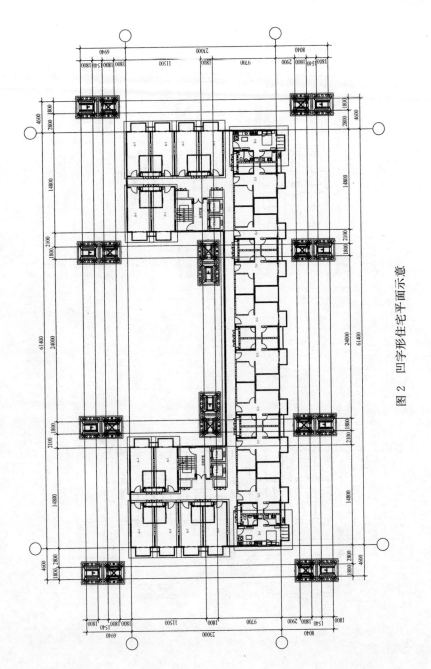

图 2 凹字形住宅平面示意

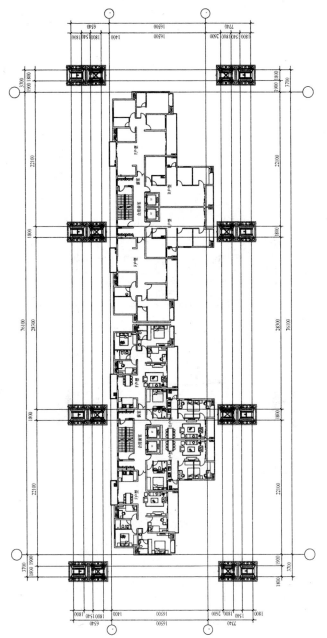

图 3 T 字形住宅平面示意

35

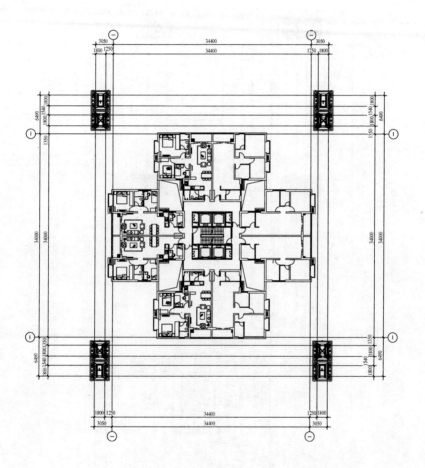

图 4 十字形住宅平面示意

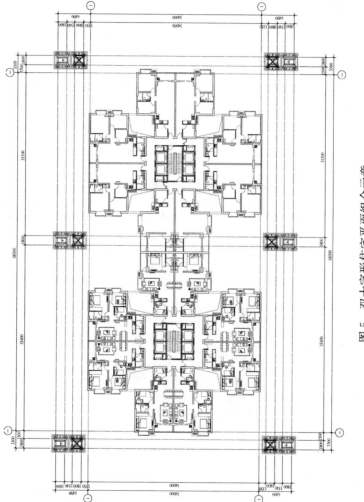

图 5 双十字形住宅平面组合示意

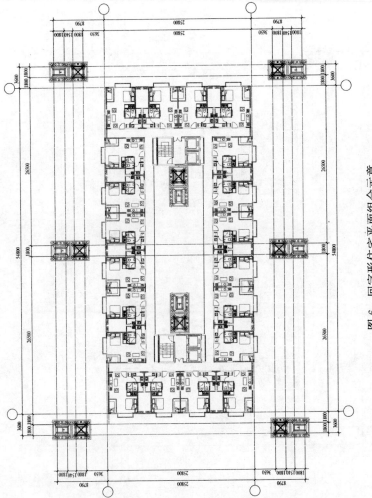

图 6　回字形住宅平面组合示意